BEI GRIN MACHT SICH IHR WISSEN BEZAHLT

- Wir veröffentlichen Ihre Hausarbeit, Bachelor- und Masterarbeit

- Ihr eigenes eBook und Buch - weltweit in allen wichtigen Shops

- Verdienen Sie an jedem Verkauf

Jetzt bei www.GRIN.com hochladen und kostenlos publizieren

Carolin Kautza

Problemlösen - Arithmetik

GRIN Verlag

Bibliografische Information der Deutschen Nationalbibliothek:

Die Deutsche Bibliothek verzeichnet diese Publikation in der Deutschen National-
bibliografie; detaillierte bibliografische Daten sind im Internet über http://dnb.d-
nb.de/ abrufbar.

Impressum:

Copyright © 2009 GRIN Verlag GmbH
Druck und Bindung: Books on Demand GmbH, Norderstedt Germany
ISBN: 978-3-656-30041-0

Dieses Buch bei GRIN:

http://www.grin.com/de/e-book/203322/problemloesen-arithmetik

GRIN - Your knowledge has value

Der GRIN Verlag publiziert seit 1998 wissenschaftliche Arbeiten von Studenten, Hochschullehrern und anderen Akademikern als eBook und gedrucktes Buch. Die Verlagswebsite www.grin.com ist die ideale Plattform zur Veröffentlichung von Hausarbeiten, Abschlussarbeiten, wissenschaftlichen Aufsätzen, Dissertationen und Fachbüchern.

Besuchen Sie uns im Internet:

http://www.grin.com/

http://www.facebook.com/grincom

http://www.twitter.com/grin_com

Freie Universität Berlin
Sommersemester 2009

Fachbereich Erziehungswissenschaft
und Psychologie

Modularbeit

im Lernbereich Mathematik
im Arbeitsbereich Grundschulpädagogik

Hausarbeit zum Thema:

Problemlösen - Arithmetik

eingereicht bei: MAREN RENNOCH

im Seminar: Mathematik(unterricht) als Erfahrung (M5)

(Aufbaumodul)

vorgelegt von:

Carolin Kautza

Abgabetermin: 17.08.2009

Anzahl der Wörter: 4800

Inhalt

1 Einleitung

Im Rahmen des Seminars *Mathematik(unterricht) als Erfahrung* haben wir uns näher mit der Konzeption des Problemlösens, speziell mit praktischen Beispielen aus der Arithmetik, beschäftigt. Da wir für unsere spätere Berufspraxis Erfahrungen im Umgang mit Problemaufgaben sammeln wollten, entschieden wir uns dafür, uns nicht nur theoretisch damit auseinanderzusetzen, sondern auch unterschiedliche Beispielaufgaben mithilfe der anderen SeminarteilnehmerInnen nachzurechnen.

In der heutigen Zeit stehen Kinder immer wieder vor der Aufgabe, Entscheidungen zu treffen. Das Angebot, zum Beispiel im Bereich der Fremdsprachen, erweitert sich ständig. Außerdem muss flexibel auf alltägliche Situationen reagiert werden. Bei der Beschäftigung mit Problemaufgaben werden unter anderem diese Fähigkeiten gefördert (vgl. Werning/Kriwet 1999, S. 7f.). Um später eine angemessene Vorbereitung unserer SchülerInnen zu erreichen, wollen wir uns näher mit diesem Themengebiet auseinandersetzen.

In dieser Arbeit wollen wir zunächst eine Einführung in das Thema *arithmetische Problemlöseaufgaben* geben. Dazu wollen wir zuerst den Begriff *Arithmetik* näher erläutern und anschließend darauf eingehen, inwiefern sich Problemlöseaufgaben von Standardaufgaben unterscheiden. Im Folgenden findet eine detaillierte Beschäftigung mit der Planung der Seminarsitzung statt. Anschließend wird näher auf die Umsetzung der Sitzung eingegangen, wobei sowohl die Aufgabenbeispiele erläutert als auch die Reaktionen und Ergebnisse der SeminarteilnehmerInnen beleuchtet werden sollen. Im letzten Kapitel reflektieren wir den Ablauf der Sitzung.

2 Einführung in das Thema arithmetische Problemlöseaufgaben

2.1 Definition des Begriffs *Arithmetik*

Die Lehre der Arithmetik stellt die „mathematische Theorie der natürlichen Zahlen oder *positiven ganzen Zahlen*" (Courant 2000, S. 1) dar. Der Fundamentalsatz der Arithmetik besagt, dass es für jede ganze Zahl, die größer als 1 ist, nur genau eine Möglichkeit gibt, sie als Produkt von Primzahlen zu notieren (vgl. Courant 2000, S. 19).

Um Problemaufgaben lösen zu können, sind arithmetische Kenntnisse und Fertigkeiten eine Voraussetzung (vgl. Rasch 1995, S. 28). Gleichzeitig können arithmetische Fähigkeiten durch solche Aufgaben auch „gefördert werden, wie das der gängige Unterricht bei der Arbeit mit Zahlen und beim Rechnen häufig nicht leistet. Darüber hinaus wird die Sicht auf Zahlen vertieft und erweitert" (Rasch 1995, S. 26).

2.2 Abgrenzung von Problemlöseaufgaben gegenüber Standardaufgaben

2.2.1 Standardaufgaben

Zum Lösen von Standardaufgaben, auch Regelaufgaben genannt, genügt es, Algorithmen zu kennen und diese fehlerfrei anzuwenden. Weiterhin sind Disziplin und Ausdauer nötig, da es vorrangig um die Berechnung nach einem Routineverfahren geht, während Rechenansatz und -weg eindeutig sind (vgl. Gimpel 1990, S. 383). Es ist hier ausreichend, gegebene Zahlen „unter Nutzung der [...] bekannten Grundrechenarten zu verknüpfen" (Rasch 1995, S. 26).

Zu den Merkmalen von Standardaufgaben zählt daher unter anderem, dass der Sachverhalt leicht durchschaubar ist und die gesuchten Werte in der zum Lösen der Aufgabe benötigten Reihenfolge angegeben sind. Außerdem wird bei allen Standardaufgaben eine Frage gestellt, welche beantwortet werden soll. Weiterhin sind in der Aufgabenstellung nur die erforderlichen Angaben und keine zusätzlichen, zur Rechnung unnötigen, Daten enthalten (vgl. Palzkill 1987, S. 21).

Ein Beispiel für Regelaufgaben stellen in dieser Arbeit die ersten beiden Teilaufgaben der „Laternenaufgabe" dar (vgl. Unterkapitel 4.1.1).

2.2.2 Problemlöseaufgaben

Im Gegensatz zu Standardaufgaben werden Problemaufgaben nicht nach Algorithmen gelöst, sondern mithilfe von Heurismen bearbeitet, welche Phantasie und Kreativität erfordern (vgl. Gimpel 1990, S. 383). Heuristische Techniken sind zum Beispiel kombinatorisches Austesten (vgl. Unterkapitel 4.1.5) sowie Vorwärts- und Rückwärtsarbeiten, welches im Unterkapitel 4.1.3 erläutert wird (vgl. Stein 1996, S. 123).

Als mathematisches Problem wird eine Aufgabe bezeichnet, bei der der Lösungsweg nicht sofort erkannt werden kann, sondern zunächst gefunden und erarbeitet werden muss (vgl. Zimmermann 1999, S. 12). Dazu müssen die SchülerInnen zum Beispiel lernen, „zu einem Sachverhalt Fragen zu stellen, wichtige Daten auszusuchen, fehlende Daten zu beschaffen, den Lösungsweg zu variieren [und] die Randbedingungen zu verändern" (Palzkill 1987, S. 20). Es hängt dabei davon ab, in welchem Lernalter die Aufgaben eingesetzt werden und welches Vorwissen die SchülerInnen mitbringen, ob eine Standard- oder eine Problemaufgabe vorliegt (vgl. Zimmermann 1999, S. 12). Deshalb zeigen Aufgaben mit Problemcharakter auf, dass „der oder die ProblemlöserIn Wissenslücken hat" (Werning/Kriwet 1999, S. 9).

Ein Merkmal von Problemaufgaben ist, dass die Daten teils unvollständig, teils aber auch überflüssig vorhanden sind und die Problemlösenden folglich allein entscheiden müssen, welche Informationen sie benötigen, um die Aufgabe zu lösen. Währenddessen fehlt manchmal auch eine zu beantwortende Frage. In diesem Fall muss die Frage selbst konstruiert werden. Eine weitere Eigenschaft besteht darin, dass Problemlöseaufgaben nicht immer eindeutig lösbar sind (vgl. Palzkill 1987, S. 20).

Um sich über die Vorteile bewusst zu werden, sollte erwähnt werden, dass Problemlösen zum einen die geistige Flexibilität fördert, weil verschiedene Lösungsansätze in Betracht gezogen und variiert werden müssen, und zum anderen das Argumentieren mathematischer Sachverhalte gefördert wird. Darüber hinaus können Problemaufgaben die Kooperation unter den Lernenden unterstützen, wenn in Gruppen gearbeitet wird. Dies kann zusätzlich die Diskussionsfähigkeit begünstigen (Zimmermann 1999, S. 12). Ferner können durch Problemaufgaben die Grundrechenoperationen vertiefend eingeübt werden, wenn verschiedene Werte eingesetzt und durch Rechnen auf ihre Richtigkeit überprüft werden (vgl. Möller 2000a, S. 35).

2.2.3 Bedingungen und Kritik

Während bei Problemlöseaufgaben das Verfügen über ausreichend Zeit zum Überlegen von Lösungsansätzen und -wegen Voraussetzung ist, wird bei Standardaufgaben der Schwerpunkt neben dem schnellen Abarbeiten von Algorithmen vor allem auf die Richtigkeit der Lösungen gelegt. Weiterhin sollte bei Problemaufgaben keine Kanalisierung der Gedanken erfolgen, sondern es sollte den SchülerInnen der Freiraum geschaffen werden, eigenständig an die Aufgaben heranzugehen. Auch die Teamfähigkeit, die bereits in Unterkapitel 2.2.2 erwähnt wurde, ist eine wichtige Bedingung für die erfolgreiche Bearbeitung von Aufgaben mit Problemcharakter, da eine Vielzahl von Ideen für Lösungswege notwendig ist. Ferner ist ein arbeitsfreundliches Klima bei jeder Art von Aufgaben von Vorteil (vgl. Gimpel 1990, S. 383ff.).

Es sollte jedoch auch beachtet werden, dass Schwierigkeiten auftreten können, wenn beispielsweise die Bedingungen nicht bedacht werden. So kann es problematisch sein, wenn nicht genügend Zeit zum Nachdenken gewährt wird (vgl. Gimpel 1990, S.383). Auch kann kritisiert werden, dass der Ablauf einer Unterrichtsstunde, in der das Thema *Problemlösen* behandelt wird, vorher nicht genau geplant werden kann, da sich verschiedene Fragestellungen bei den SchülerInnen ergeben können, die die Lehrperson möglicherweise nicht in Betracht gezogen hat (vgl. Werning/Kriwet 1999, S. 9). Dies kann sich zum Beispiel so äußern, dass bei der in Unterkapitel 4.1.1 erläuterten Aufgabe besonderes Augenmerk auf die Art, Größe und Farbe der Häuser gelegt wird, die für die Lösung jedoch irrelevant sind.

3 Planung der Seminarsitzung

Für die Vorbereitung der Seminarsitzung haben wir uns vorab Gedanken über unsere Ziele gemacht und infolgedessen geeignet erscheinende Aufgaben ausgewählt. Zudem haben wir uns überlegt, wie wir diese Aufgaben ansprechend präsentieren können.

3.1 Zielsetzung

Unsere Zielsetzung bestand darin, es den StudentInnen zu ermöglichen, verschiedene Typen von Problemaufgaben auszuprobieren, und dabei so viele Klassenstufen wie möglich zu berücksichtigen. Des Weiteren haben wir Wert darauf gelegt, dass die KommilitonInnen sich die Problemaufgaben zunächst nur mit den Möglichkeiten eines Grundschülers erarbeiten, um sich in die Sichtweise der Grundschüler hineinversetzen zu können.

3.2 Begründung der Aufgabenauswahl

Bei der Auswahl der Aufgaben haben wir besonderes Augenmerk darauf gelegt, möglichst viele Arten von Problemaufgaben darzubieten. So haben wir sechs Problemaufgaben ausgewählt, darunter Kryptogramme, kombinatorische Aufgaben und Sachaufgaben. Der Aufbau dieser Aufgaben sowie mögliche Lösungswege werden unter Punkt 4.1 genauer erläutert.

Um deutlich zu machen, dass Problemlöseaufgaben nicht nur für ältere SchülerInnen geeignet sind, sondern auch schon jüngere anspricht, haben wir zudem darauf geachtet, dass auch Aufgaben darunter sind, die in der Schulanfangsphase Anwendung finden können. So erstellten wir ein Repertoire an Aufgaben, welches die Klassenstufen 1 bis 6 berücksichtigte.

3.3 Begründung der Sozialform

Ferner wollten wir die Seminarsitzung auch die Sozialform betreffend abwechslungsreich gestalten. Da in den vorhergehenden Sitzungen bereits mehrfach Gruppenarbeit eingesetzt wurde, entschieden wir uns, etwas Neues zu erproben.

Die in der ersten Seminarsitzung kurz vorgestellten Karussellgespräche hatten uns so sehr beeindruckt, dass wir beschlossen, diese Form der Sitzordnung selbst auszuprobieren. Sie eignet sich vor allem dazu, verschiedene StudentInnen miteinander ins Gespräch zu bringen und zum gemeinsamen Arbeiten anzuregen. Ein besonderes Merkmal dieser Sozialform stellt der mehrfache Partnerwechsel innerhalb einer Stunde dar. Somit wird vermieden, dass immer wieder die gleichen Gruppenzusammensetzungen entstehen.

Als Vorbereitung für die Seminarsitzung ordneten wir sechs Tische so an, dass jeweils drei Tische eine I-Form bildeten. Zum besseren Verständnis haben wir folgende Skizze erstellt:

12	1	24	13
11	2	23	14
10	3	22	15
9	4	21	16
8	5	20	17
7	6	19	18

Anhand der Skizze kann man erkennen, dass sich an jedem Tisch zweimal zwei StudentInnen gegenübersitzen. Nach jeweils 20 Minuten sollte ein Partnerwechsel durch das Weiterrücken um zwei Plätze im Uhrzeigersinn erfolgen. So wechselt zum Beispiel StudentIn Nummer 1 auf Platz 3 und StudentIn Nummer 5 auf Platz 7.

4 Durchführung der Seminarsitzung

Nach der Begrüßung der SeminarteilnehmerInnen teilten wir die Arbeitsblätter aus. Jedes sich gegenübersitzende Paar bekam eine der sechs Aufgaben. Für die Bearbeitung dieser waren 20 Minuten vorgesehen. Anschließend blieben die Aufgabenblätter liegen, der Partner wurde durch Platzwechsel getauscht und die neu zusammengesetzten Paare bearbeiteten das nun vor ihnen liegende mathematische Problem.

4.1 Aufgabenbeispiele

Im Folgenden werden die einzelnen Aufgaben und die dazugehörigen Lösungen ausführlich dargelegt. Die Anordnung der Aufgaben entspricht der Reihenfolge der anschließenden Auswertung im Plenum.

4.1.1 Laternenaufgabe

Die „Laternenaufgabe" (vgl. Palzkill 1987, S. 21; Anlage A1) besteht aus drei verschiedenen Sachaufgaben. Während es sich bei der dritten Aufgabe um eine Problemaufgabe handelt, stellen die ersten beiden Aufgaben sogenannte Standardaufgaben dar. Die Standardaufgaben sind vorangestellt, damit der Schüler nach erfolgreichem Lösen dieser Aufgaben unbefangen an die folgenden, problemhaltigen Aufgaben, anknüpfen kann.

Bei der ersten Aufgabe soll die Summe 80 berechnet werden, indem eine gedachte Zahl durch fünf dividiert wird und man anschließend 65 addiert. Diese Aufgabe kann durch rückwärts gerichtetes Rechnen schnell gelöst werden. Von 80 werden 65 subtrahiert, was 15 ergibt. Nun wird der Dividend gesucht, welcher dividiert durch den Divisor 5 einen Quotienten von 15 ergibt. In diesem Fall muss der Dividend 75 betragen, damit man den Quotienten 15 erhält.

Bei der zweiten Aufgabe soll ein Brötchenpreis ermittelt werden. Dazu sind das Geld, mit dem bezahlt wird (5,00 €), der Wechselgeldpreis (20 ct), sowie der Preis eines Brotes (3,00 €) angegeben. Es werden ein Brot und sechs Semmeln gekauft. Wie für eine Standardaufgabe typisch, wird eine Frage gestellt. Es soll der Preis für eine Semmel berechnet werden. Um diese Aufgabe zu lösen, muss zunächst das Wechselgeld vom dem Geld abgezogen werden, mit dem bezahlt wird. Man erhält 5,00 - 0,20 = 4,80. Es müssen demnach insgesamt 4,80 € bezahlt werden. Aufgrund der Tatsache, dass das Vollkornbrot 3,00 € gekostet hat, haben die sechs Semmeln zusammen 1,80 € gekostet: 4,80 - 3,00 = 1,80. Die Berechnung für eine Semmel sieht folgendermaßen aus: 1,80 : 6 = 0,30. Eine Semmel kostet demnach 0,30 €.

Die dritte Aufgabe ist insofern eine Problemaufgabe, dass die SchülerInnen in der Lage sein müssen, überflüssige Informationen aus dem Text auszusondern. Bei der Aufgabe soll errechnet werden, wie viele Laternen an einer Straße stehen, wenn diese 350 km lang ist und sich alle 50 m eine Laterne befindet. Die zusätzlich in der Aufgabenstellung erwähnten Informationen über die Breite der Straße und die Anzahl der Häuser sind für die Beantwortung der Frage irrelevant. Aus Gewohnheit existiert jedoch die Vorstellung, jede Information in irgendeiner Rechnung verarbeiten zu müssen. Deshalb wird hier bei vielen SchülerInnen Verwirrung erzeugt. Zunächst müssen die 350 Kilometer Straßenlänge in Meter umgerechnet werden. Die Straße ist demnach 350 000 Meter lang. Die Straßenlänge - also der Dividend - wird nun durch die 50 Meter - also den Divisor - dividiert, weil alle 50 Meter eine Laterne steht. Man erhält als Quotienten 7000 Laternen. Eine weitere Schwierigkeit neben dem Aussortieren von redundanten Informationen stellt die Beachtung der Anfangslaterne dar, welche in der Zählung nicht enthalten ist. Das richtige Ergebnis ist also 7001 bzw. 14002, wenn man annimmt, dass die Laternen auf beiden Straßenseiten vorhanden sind. Bei einem Unterrichtsversuch in der vierten Klasse haben nur sieben Prozent die Aufgabe richtig lösen können, die meisten Schüler vergaßen, die Anfangslaterne mitzurechnen (vgl. Palzkill 1987, S. 21). Damit dies nicht passiert, ist bei dieser Aufgabe eine Strichzeichnung angebracht, welche den Sachverhalt besser verdeutlicht. Hier ein Beispiel:

Laterne   Laterne   Laterne

0m _____ 50m _____ 100m

Auch die Aufgabenstellung gibt bereits einen Hinweis auf die Anfangslaterne, mit dem Hinweis, dass die erste Laterne am Anfang der Straße steht.

4.1.2 Äpfel

Die Problemlöseaufgabe „Äpfel" (vgl. Petersen 2003, S. 46, 49; Anlage A3) wurde bereits im Rahmen der PISA-Studie von 2000 gestellt. Sie wurde für das Durchführen in einer vierten Klasse mit Ausnahme der Abbildung nicht variiert. Während in der PISA-Studie eine Darstellung mit Symbolen (Punkte und Kreuze) Anwendung fand, wurde diese Darstellung für die vierte Klasse zum besseren Verständnis mit Bäumen wiedergegeben.

Die Aufgabe setzt sich aus drei Teilaufgaben zusammen. Sie beginnt damit, dass die Problemsituation geschildert wird, und zwar werden Apfelbäume in einem quadratischen Muster angeordnet, wobei um jeden Apfelbaum acht Nadelbäume zum Schutz gepflanzt

8

werden. An die Beschreibung schließen sich drei Aufgabenstellungen mit ansteigendem Schwierigkeitsgrad an. In der ersten Teilaufgabe soll mithilfe einer Tabelle die Anzahl der Apfel- und Nadelbäume berechnet werden. Es handelt sich hierbei um die niedrigste Schwierigkeitsstufe, weil das Vervollständigen der Tabelle durch bloßes Abzählen erfolgen kann.

Bei der zweiten Frage sollen für die zuvor eingesetzten Werte zwei Formeln berechnet werden, welche auch für die Ermittlung der Zahlenwerte in der Teilaufgabe eins verwendet werden können. Während bei dem Apfelbaum die Formel n^2 angewandt wird, wird für die Berechnung der Nadelbäume die Formel 8n verwendet.

Bei der dritten Problemaufgabe soll eine begründete Antwort gegeben werden bezüglich der Frage, ob die Anzahl der Apfel- oder der Nadelbäume schneller zunehmen wird. Obwohl die Anfangswerte der Nadelbäume bis n=7 wesentlich höher sind als die der Apfelbäume, nimmt die Anzahl der Apfelbäume schneller zu, weil die Werte durch die Potenz (n^2) im Vergleich zum Faktor 8 (8n) rapider ansteigen. Diese letzte Aufgabe kann nur gelöst werden, wenn die mathematische Struktur der Aufgabe begriffen worden ist. Es waren allerdings nur weniger als zehn Prozent in der Lage, das Muster zu begründen, was in der dritten Frage explizit gefordert wurde. Der geringe Anteil der SchülerInnen, welche die dritte Aufgabe vollständig bewältigen konnten, zeigt, dass noch starke Defizite im Umgang mit Sprache im Mathematikunterricht vorherrschen. Es ist daher essentiell, dass die Beschreibung von mathematischen Phänomenen und deren Begründung bereits frühzeitig im Mathematikunterricht unterstützt wird (vgl. Petersen 2003, S. 48).

4.1.3 Die Zahlenmauer

Die Aufgabe „Zahlenmauer" (vgl. Blankenagel 2004, S. 9; Anlage A4) besteht aus einer einzelnen Aufgabe und wurde laut Zeitschriftenaufsatz in einer zweiten Klasse eingesetzt (vgl. Blankenagel 2004, S. 10). Hier sollen in eine vierschichtige Zahlenmauer vier aufeinander folgende Zahlen in die unterste Schicht eingetragen werden, sodass sich in der obersten Reihe die Zahl 100 ergibt. Dabei bilden jeweils nebeneinander stehende Steine die Summe des darüber liegenden Steins.

Die erste Schwierigkeit stellt die Forderung nach vier aufeinander folgenden Zahlen in der unteren Steinreihe dar. Gerade bei jüngeren SchülerInnen besteht die Gefahr, dass letztere nicht verstanden und infolgedessen nicht bei der Lösung der Aufgabe berücksichtigt wird (vgl. Blankenagel 2004, S. 10). Eine weitere Hürde besteht in der Festlegung der Arbeitsrichtung, das heißt, ob die Zahlenmauer von oben oder von unten bearbeitet wird. Für das Lösen dieser Aufgabe können zwei Strategien angewandt werden: das Vorwärts- und das Rückwärtsarbeiten (vgl. Blankenagel 2004, S. 11f.).

Wenn eine Lösung durch Ausprobieren gefunden werden soll, kann beim Vorwärtsarbeiten zum Beispiel die Zahlenreihe 8, 9, 10, 11 in der unteren Schicht eingesetzt werden.

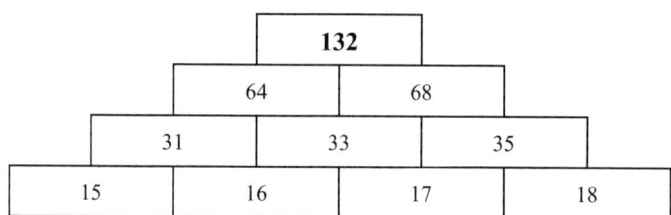

Da die Summe 76 als Ergebnis im obersten, letzten Stein, viel zu klein ist, werden nun in der untersten Schicht größere Zahlen eingesetzt, zum Beispiel die Zahlenfolge 15, 16, 17, 18.

Aus dem Aufsatz geht hervor, dass gerade GrundschülerInnen, also SchülerInnen in einem Alter zwischen sechs und zwölf Jahren, bei einem Fehlversuch aus der Größe der im obersten Stein entstandenen Zahl einen erheblichen Größenunterschied zur vorherigen Zahlenfolge schlussfolgern (vgl. Blankenagel 2004, S. 11). So beginnen viele Kinder beim nächsten Versuch ihre Zahlenreihe nicht mit beispielsweise 9, sondern eher mit 15 oder einer noch höheren Zahl. Anhand einer sogenannten Mittelwertstrategie, nach dem Prinzip, dass die eine Zahlenreihe viel zu klein und die andere zu groß wird (vgl. Blankenagel 2004, S. 11), wählen die SchülerInnen Zahlen aus, die sich zwischen den zuvor gewählten Zahlenfolgen befinden. Es findet demnach eine allmähliche Annäherung an die Lösung statt.

Im Gegensatz zur Vorwärtsstrategie findet die Rückwärtsstrategie mehr Anwendung und ist auch effektiver (vgl. Blankenagel 2004, S. 11). Beim Rückwärtsarbeiten erfolgt zunächst eine Zerlegung der Zielzahl, in unserem Fall 100, welche von oben nach unten vollzogen wird. Dieser Vorgang dient dazu, dass möglichst schnell und effizient ein Überblick über die unterste Schicht gewonnen und schließlich die passende Zahlenfolge ermittelt werden kann.

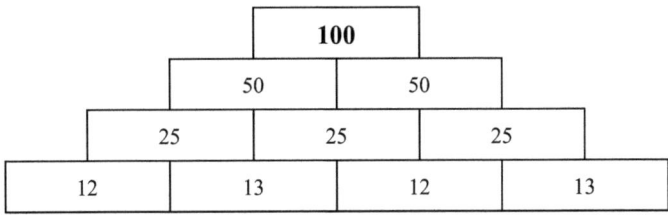

Nach der Zergliederung kann nun zum Beispiel die Zahlenfolge 12, 13, 14, 15 als Annäherung eingesetzt werden. Da diese Zahlenfolge jedoch noch nicht die gesuchte Summe 100 ergibt, sondern 106, kann anschließend durch weitere Annäherung die richtige Zahlenfolge 11, 12, 13, 14 erkannt werden.

Ein weiterer Lösungsweg wäre, die Lösung anhand von Variablen zu beschreiben, sofern die SchülerInnen mit dem Variablenkonzept vertraut sind.

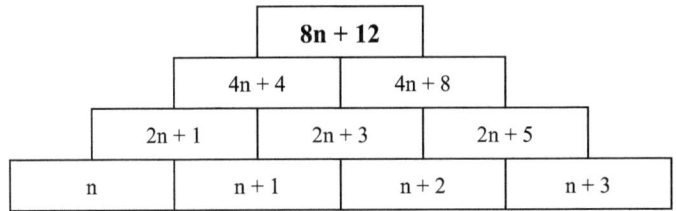

Um nun die Summe 100 in der obersten Schicht zu erhalten, muss n den Wert 11 haben.

4.1.4 Das Schachbrett

Bei der Problemlöseaufgabe „Schachbrett" (vgl. Blankenagel 2004, S. 11; Anlage A5) sollen aus einem nummerierten n x n-Schachbrett Summen gebildet und miteinander verglichen werden. Dabei ist die erste Zeile von 1 bis n durchnummeriert, was in den weiteren Zeilen entsprechend fortgeführt wird. Aus jeder Zeile und jeder Spalte soll genau eine Zahl ausgesucht und schließlich die Summe aller ausgewählten Zahlen gebildet werden.

Wenn man die Summen vergleicht, stellt man fest, dass bei jedem Schachbrett jeweils alle in ihm errechenbaren Summen gleich sind. Bei dem im Seminar behandelten 5 x 5-Schachbrett entsprechen die Summen der Zahl 65.

Erklärt werden kann dies anschaulich an einem kleineren Feld, beispielsweise mit n = 2.

	1	2
0	1	2
2	3	4

Dazu werden die Zahlen der ersten Zeile noch einmal über die jeweils dazugehörenden Felder geschrieben und an der linken Seite des Schachbretts die Zahlen 0 (0 · n) und 2 (1 · n) untereinander vermerkt. Die Zahl jedes Feldes setzt sich nun jeweils aus der Summe der beiden am Rand stehenden Zahlen zusammen. Nun gibt es folgende Möglichkeiten, die Schachbrett-Summe zu bilden: Entweder durch Addieren der Zahlen 1 und 4 oder durch Addition von 2 und 3. Beide Summen ergeben 5, da hier das Kommutativgesetz angewendet werden kann: (1+0) + (2+2) = (1+2) + (2+0) = 5. Dies ist möglich, da aus jeder Zeile und jeder Spalte genau eine Zahl ausgewählt werden soll. Das Aufaddieren der Randzahlen bietet also eine Möglichkeit der Lösung an.

4.1.5 Türme bauen

Die Aufgabe „Türme bauen" (vgl. Lack 2008, S. 5; Anlage A6) besteht aus drei Teilaufgaben. In der ersten soll überlegt werden, wie viele verschiedene dreistöckige Türme mit einem roten, einem gelben und einem blauen Baustein gebildet werden können. Bei der zweiten soll herausgefunden werden, wie viele unterschiedliche vierstöckige Türme aus einer Auswahl von den drei bisherigen und einem grünen Stein hergestellt werden können. Die dritte stellt eine weitere Abwandlung dar, bei der der Bau dreistöckiger Türme behandelt werden soll, wobei vier verschiedenfarbige Bausteine zur Verfügung stehen.

Bei der ersten Teilaufgabe können sechs verschiedene Türme gebaut werden. Ein systematischer Lösungsweg kann hier folgendermaßen aussehen: Jede Farbe kann zweimal den Grundstein bilden, wobei die anderen Farben jeweils vertauscht werden.

r		r		ge		bl		bl		bl		r = rot
ge		bl		r		ge		r		ge		ge = gelb
bl		ge		bl		r		ge		r		bl = blau

Die zweite Teilaufgabe kann währenddessen durch einen Strukturbaum gelöst werden.

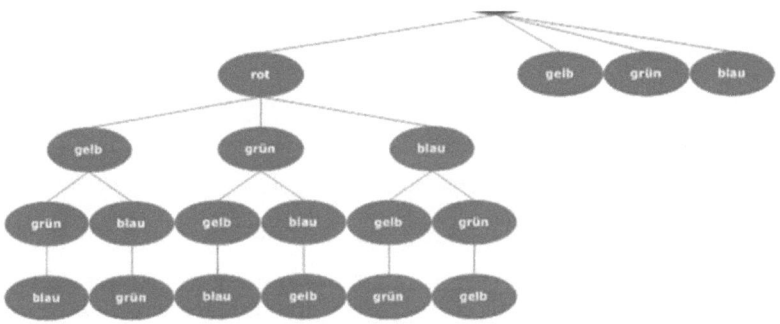

Hier ergeben sich in der ersten Baumzeile vier Möglichkeiten, in der zweiten jeweils drei, in der dritten jeweils zwei und in der letzten nochmals jeweils eine. $4 \cdot 3 \cdot 2 \cdot 1 = 24$, es sind demnach 24 Kombinationen möglich.

Um die dritte Teilaufgabe zu lösen, kann von der zweiten ausgegangen und diese dann abgewandelt werden. Es kann hilfreich sein, sich zu überlegen, was geschieht, wenn bei jeder der möglichen 24 Kombinationen der oberste Stein wegfallen würde. Es wären dann immer noch 24 verschiedene Kombinationen und die Lösung dieser Teilaufgabe ist somit ebenso 24.

4.1.6 Kryptogramme

Kryptogramme (vgl. Möller 2000b, S. 50; Anlage A2) sind Geheimzeichen, die eine Rechenaufgabe darstellen. Dabei steht jeweils ein Buchstabe für genau eine Ziffer. Durch Überlegungen soll herausgefunden werden, welche Zahlen eingesetzt werden müssen, damit die Aufgabe eine wahre Aussage darstellt.

Für die StudentInnen haben wir zwei Kryptogramme mit sich sehr stark voneinander unterscheidenden Lösungen ausgewählt. Dies sollte dazu dienen, dass die StudentInnen sich Gedanken über verschiedene Lösungsarten machen.

Das erste, in der Form $BAUM + BAUM = WALD$, hat mehr als sechs Lösungen. Da die Addition von A und A wieder A ergeben soll, kann dieser Wert nur null betragen. Für die Buchstabenpaare B/W, A/U und M/D können die Zahlenwerte 1/2, 3/6 und 4/8 paarweise beliebig eingesetzt und untereinander vertauscht werden. So ergeben sich sechs Möglichkeiten, die durch Berücksichtigung des Zusammenhangs der Zahlen schnell gefunden werden können, da es sich jeweils um die Verdopplung der Zahlen handelt.

Bei den sechs Lösungen gilt: B < 5, U < 5 und M < 5. Es existieren zusätzlich noch weitere Lösungsmöglichkeiten mit B < 5, U < 5 und M ≥ 5 sowie B < 5, U ≥ 5 und M < 5 (vgl. Möller 2000b, S. 47.)

Unser Ziel war bei dieser Aufgabe unter anderem, dass die StudentInnen auch nach der Kategorisierung der Lösungsmöglichkeiten suchten, wie zum Beispiel nach der Vertauschung von Ziffern. Deshalb stellten wir bei diesem Kryptogramm die Zusatzaufgabe, dass alle möglichen Lösungen gesucht werden sollten.

Das zweite Kryptogramm hat die Form $ROSE + ROSE = ROSEN$. Hier gibt es keine Lösung, da ein Widerspruch zwischen Übertrag und Summe besteht. Wenn für R eine Zahl ≥ 5 eingesetzt wird, entsteht zwar ein Übertrag, doch das R von ROSEN entspräche dann ebenfalls ≥ 5. Dies ist nicht möglich, da die 10000er-Stelle nicht größer als eins sein kann. Dieser Widerspruch entsteht bei fast allen Kryptogrammen, bei denen die Summanden gleich sind und die Summe den Plural der Summanden darstellt.

4.2 Auswertung der Aufgaben

Nach etwa einer Stunde, in der drei Partnerwechsel erfolgt waren, wurde das selbstständige Arbeiten der StudentInnen beendet und mit der Auswertung begonnen. Die StudentInnen wurden nach Vorgehensweisen und Lösungen befragt. Im Anschluss daran haben wir die SeminarteilnehmerInnen um eine Einschätzung der Klassenstufen gebeten, für die sich die jeweiligen Aufgaben eignen.

Bei der „Laternenaufgabe" ergab sich vor allem die Schwierigkeit, dass die Formulierung in der Aufgabenstellung, „[...] steht eine Laterne, die erste am Anfang [...] der Straße" missachtet wurde. Durch die vergessene Anfangslaterne erhielten viele StudentInnen als Ergebnis eine Laterne zu wenig. Ein weiteres Problem stellte die Tatsache dar, dass in der Aufgabenstellung nicht deutlich wurde, ob an beiden Seiten Laternen stehen. So kam es zu Verwirrung, ob 7001 oder 14002 die Lösung war. Hingegen wurde korrekt erkannt, dass die ersten beiden Teilaufgaben im Gegensatz zur letzten Standardaufgaben darstellten. Auf einem der Auswertungsblätter wurden diese als „einfache Rechenaufgaben" bezeichnet.

Als geeignete Klassenstufe gab der Großteil der SeminarteilnehmerInnen die vierte Klasse an. Dies stimmt mit den Erfahrungen durch einen Unterrichtsversuch von Palzkill überein. Allerdings wurden die Regelaufgaben von einigen StudentInnen der zweiten Klassenstufe zugeordnet.

Die Aufgabe „Äpfel" wurde von den meisten StudentInnen ohne Probleme gelöst. Dies lässt für uns den Schluss zu, dass diese Aufgabe für die SeminarteilnehmerInnen eine Standardaufgabe darstellte und eher für GrundschülerInnen eine Problemaufgabe ist. Durch Weglassen der Abbildungen hätte dies möglicherweise verhindert werden können. Es erstaunte uns, dass einige KommilitonInnen die Aufgabe als unrealistisch einstuften, indem diese beispielsweise als nicht biologisch genug bezeichnet wurde. Einige StudentInnen vergleichen die Mathematik demnach mit Alltagssituationen, was jedoch nur selten sinnvoll ist.

Für die Aufgabe wurde von der Mehrheit der SeminarteilnehmerInnen die Anwendung in der dritten oder vierten Klassenstufe vorgeschlagen. Dies stimmt mit den Angaben in der Literatur überein. Etwa ein Drittel der StudentInnen sah die Aufgabe jedoch eher als für die fünfte oder sechste Klasse geeignet an. Dies liegt unserer Meinung nach vor allem daran, dass die in der letzten Teilaufgabe geforderte Begründung einen hohen Anspruch stellt.

Wie wir aus dem schriftlichen Feedback entnehmen konnten, wurde bei der Aufgabe „Zahlenmauer" von vielen die Strategie des Rückwärtsarbeitens genutzt, welche auch in der Literatur als erfolgsversprechender als die Vorwärtsstrategie angesehen wird (vgl. Unterkapitel 4.1.3). So erhielt die Mehrzahl der StudentInnen die korrekte Lösung. Es wurde teils bemängelt, dass keine Erklärung vorhanden war, wie genau eine Zahlenmauer funktioniert. Wir haben jedoch absichtlich auf Hinweise zur Systematik der Zahlenmauer verzichtet, da es zu Problemlöseaufgaben dazugehört, sich darüber selbst Gedanken zu machen, anstatt konkrete Vorgaben zu erhalten (vgl. Unterkapitel 2.2.2).

Wie im Zeitschriftenaufsatz durchgeführt, sahen auch die StudentInnen diese Aufgabe als geeignet für die zweite Klassenstufe an.

Bei der Problemlöseaufgabe „Schachbrett" gab es anfänglich viel Erklärungsbedarf bezüglich der Aufgabenstellung. Diese wurde exakt aus der Literatur übernommen und ist offensichtlich überarbeitungsbedürftig. Nach ausreichendem Verständnis erhielten die StudentInnen durch Ausprobieren die richtige Lösung. Die Systematik dahinter wurde aber nur ansatzweise verstanden und musste deshalb in der Auswertung genauer betrachtet werden. Ferner ist uns beim Beobachten der KommilitonInnen aufgefallen, dass sich einige beim Addieren der Summanden verrechneten. Bei der Beschäftigung mit Problemaufgaben können die Grundrechenarten, wie hier beim Aufaddieren, vertiefend geübt werden (vgl. Unterkapitel 2.2.2), wie auch einige StudentInnen in ihren Notizen vermerkten.

Hier wurde von einem großen Anteil der SeminarteilnehmerInnen der Einsatz in der dritten bis vierten Klasse als angemessen eingeschätzt. Auch die siebte Klasse wurde teilweise als angebracht angesehen. Im Querschnitt entspricht dies unserer Auffassung von der Eignung für die fünfte und sechste Klasse.

Die Aufgabe „Türme bauen" wurde währenddessen im Durchschnitt für die dritte Klasse empfohlen. Es gab jedoch eine Streuung von zweiter bis sechster Klasse. Dies stimmt keinesfalls mit den in der Literatur beschriebenen Erfahrungen, welche in der ersten und zweiten Klasse gesammelt worden sind, überein.

Dabei muss beachtet werden, dass den KommilitonInnen viel weniger Zeit zur Verfügung gestellt wurde und sie den Schwierigkeitsgrad deshalb möglicherweise höher einschätzten. Der Zeitdruck kam größtenteils dadurch zustande, dass die KommilitonInnen sich die Kombinationsmöglichkeiten mit farbigen Zeichnungen veranschaulichten. So konnte die Mehrheit durch Ausprobieren zumindest für die ersten beiden Teilaufgaben zur richtigen

Lösung gelangen. In der Auswertung legten wir Wert darauf, die Erklärung der Problemaufgabe mithilfe eines Strukturbaumes nachvollziehbarer zu gestalten.

Bei den Kryptogrammen entspricht der Durchschnitt der vorgeschlagenen Klassenstufe mit vier unseren Vorstellungen. Jedoch trat auch hier eine hohe Spanne von zweiter bis sechster Klasse auf.

Beim ersten Kryptogramm wurden hauptsächlich nicht alle Lösungen angegeben. Die Errechnung der einzusetzenden Zahlen wurde von den StudentInnen als schwierig empfunden. Des Weiteren wurden hohes Abstraktionsvermögen sowie Konzentration für das Erkennen komplexer Zusammenhänge vorausgesetzt. Das Lösen des zweiten Kryptogramms bereitete währenddessen noch größere Schwierigkeiten. Nur wenige erkannten von selbst, dass dieses Kryptogramm keine Lösung hatte, denn mit einer derartigen Aufgabe rechnete kaum jemand. Da es auch GrundschülerInnen teilweise manchmal so ergeht, konnten die StudentInnen dies auf diese Weise nachempfinden.

5 Reflexion

Die Anwesenheit von genau 24 StudentInnen kam unserer Planung der Sozialform zugute, da exakt zwei Tischkomplexe besetzt werden konnten. Ebenso trugen die rege Mitarbeit und das damit verbundene Interesse an unserer Präsentation der Aufgaben dazu bei, dass alle von der Stunde sehr profitieren konnten.

Problematisch war jedoch der Zeitfaktor, da die SeminarteilnehmerInnen mehr Zeit für die intensive Auseinandersetzung mit den Problemlöseaufgaben benötigt hätten. Leider war dies nicht möglich, da die Zeit einer Seminareinheit begrenzt ist. Anfänglich hatten wir geplant, dass die KommilitonInnen alle sechs Aufgaben berechnen sollten. Dies bedeutete wiederum, dass für die Aufgabenbearbeitung je zehn Minuten zur Verfügung gestanden hätten. Dieses anfängliche Zeitmanagement konnte jedoch nicht eingehalten werden, da die Aufgaben zu umfangreich waren. In Absprache mit den SeminarteilnehmerInnen einigten wir uns deshalb auf eine Bearbeitungszeit von 20 Minuten, damit eine intensivere Auseinandersetzung mit jeweils drei Aufgaben stattfinden konnte.

Auch hatten wir nicht bedacht, dass einige der StudentInnen an den Enden der Tische beim Weiterrücken um einen Platz die identische Aufgabe noch einmal hätten bearbeiten müssen. So wäre StudentIn Nummer 6 auf Platz 7 gerückt und hätte mit einem anderen Partner dieselbe Aufgabe vor sich gehabt (vgl. Unterkapitel 3.3). Dieses Problem lösten wir insofern, dass alle jeweils um zwei Plätze weiterrückten.

Bei der ersten Kryptogramm-Aufgabe wurde von uns nicht berücksichtigt, dass mehr als sechs Lösungen in Frage kommen. Wir hatten die Aufgabe selbst nachgerechnet und waren dabei zuerst nur auf die sechs oben beschriebenen Lösungen gekommen (vgl. Unterkapitel 4.1.6). Als wir dies in der dem Aufsatz beiliegenden Beispiellösung kontrollierten, übersahen wir die weitergehenden Lösungsmöglichkeiten und führten unsere Rechnungen nicht fort.

In der Auswertungsrunde konnte dieser Fehler jedoch behoben werden, weil verschiedene KommilitonInnen, die unbefangen an die Aufgabe herangegangen waren, weitere Lösungen entdeckt hatten. Insgesamt waren wir zufrieden mit dem Auswertungsgespräch, da es uns effektiv und verständlich erschien.

Infolgedessen hoffen wir, dass die SeminarteilnehmerInnen viel von der Stunde mitnehmen und ihren Erfahrungsschatz erweitern konnten.

6 Literaturverzeichnis

BLANKENAGEL, Jürgen (2004): „Gute Problemlöser werden aus Fehlern klug."
In: *Mathematik lehren*, (2004) 125, S. 9-12.

COURANT, Richard u.a.: *Was ist Mathematik?* Berlin 2000.

GIMPEL, Manfred (1990): „Über erfolgsträchtige Bedingungen für das Lösen von
Problemaufgaben." In: *Mathematik in der Schule*, 28 (1990) 6, S. 383-388.

LACK, Claudia (2008): „Türme bauen. Eine kombinatorische Problemaufgabe für Kinder im
1. und 2. Schuljahr." In: *Grundschulunterricht. Mathematik*, 55 (2008) 2, S. 4-7.

MÖLLER, Angelika (2000b): „Kryptogramme lösen - Problemfähigkeit fördern.
Teil 2: Kryptogramme als verschlüsselte Additionsaufgaben mit einer bzw. mit mehreren
Lösungen oder ohne Lösung." In: *Sache, Wort, Zahl*, 28 (2000) 32, S. 46-50.

Möller, Angelika (2000a): „Zahlen und Rechnen. Werkzeuge der Grundschüler."
In: *Sache, Wort, Zahl*, 28 (2000) 28, S. 35-41.

PALZKILL, Leonard (1987): „Erfahrungen mit Problemaufgaben. Ein Unterrichtsversuch im 4.
Schuljahr." In: *Grundschule* (1987) 10, S. 20-23.

PETERSEN, Frauke (2003): „Von Apfelbäumen, Tannen und Mathematik. Eine PISA-Aufgabe
in der Grundschule." In: *Praxis Grundschule*, 26 (2003) 4, S. 46-49.

RASCH, Renate (1995): „Arbeiten mit Problemaufgaben im Rahmen des Sachrechnens."
In: *Grundschulunterricht*, 42 (1995) 11, S. 26-28.

STEIN, Martin (1996): „Elementare Bausteine der Problemlösefähigkeit:
Problemlösetechniken." In: *Journal für Mathematik-Didaktik*, 17 (1996) 2, S. 123-146.

WERNING, Rolf; KRIWET, Ingeborg (1999): „Problemlösendes Lernen."
In: *Pädagogik*, 51 (1999) 10, S. 7-11.

ZIMMERMANN, Bernd (1999): „Problemorientierter Mathematikunterricht."
In: *Pädagogik* 51 (1999) 10, S. 12-15.

7 Anlagen

Anlage A: Aufgabenbeispiele

Anlage 1: Laternenaufgabe

Löst die Aufgaben und überlegt, warum sie in dieser Reihenfolge gestellt wurden!

1) Maria denkt sich eine Zahl, teilt sie durch 5, addiert zum Ergebnis 65 und erhält 80. Wie heißt die gedachte Zahl?

2) Stephan holt beim Bäcker sechs Semmeln und ein Vollkornbrot. Er bezahlt mit einem 5€-Schein und bekommt 20 Cent zurück. Wie teuer ist eine Semmel? Ein Vollkornbrot kostet 3€.

3) Eine Straße ist 350km lang und 10m breit. Alle 50m steht eine Laterne, die erste am Anfang, die letzte am Ende der Straße. Auf der linken Seite stehen 40 Häuser, auf der rechten Seite 50 Häuser. Wie viele Laternen stehen an der Straße?

Anlage 2: Kryptogramme

Diese Kryptogramme stellen Additionsaufgaben dar, wobei jeder Buchstabe für eine Zahl steht. Findet alle möglichen Lösungen für die Kryptogramme!

B	A	U	M
+ B	A	U	M
W	A	L	D

R	O	S	E
+ R	O	S	E
R	O	S	E	N

<u>**Anlage 3:**</u>

Äpfel

Ein Bauer pflanzt Apfelbäume in einem quadratischen Muster.
Um die Bäume vor dem Wind zu schützen, pflanzt er Tannen herum.
Im folgenden Bild siehst du das Muster,
nach dem Apfelbäume und Tannen gepflanzt wurden:

Vervollständige die Tabelle:

Apfelbäume in einer Reihe	Anzahl Apfelbäume	Anzahl Tannen
1	1	8
2	4	
3		
4		
5		
6		
7		

1) Es gibt zwei Formeln, die man verwenden kann, um die Anzahl der Apfelbäume und die Anzahl der Nadelbäume für das oben beschriebene Muster zu berechnen. Finde diese!

2) Angenommen, der Bauer möchte einen viel größeren Obstgarten mit vielen Reihen von Bäumen anlegen. Was wird schneller zunehmen, wenn der Bauer den Obstgarten vergrößert? Die Anzahl der Apfelbäume oder die Anzahl der Nadelbäume? Erkläre, wie du zu deiner Antwort gekommen bist!

Anlage 4: Die Zahlenmauer

Diese Zahlenmauer besteht aus vier Schichten.

Trage in den unteren vier Steinen vier **aufeinander folgende Zahlen** so ein, dass du oben die 100 erhältst!

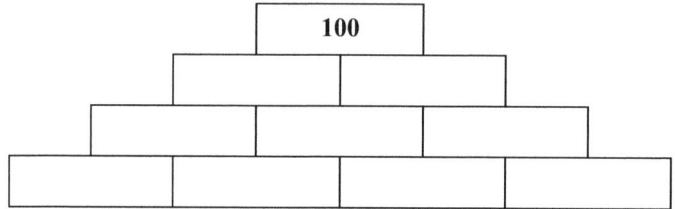

Anlage 5: Das Schachbrett

Auf einem n x n-Schachbrett sind die Felder so nummeriert, wie in dem abgebildeten Beispiel für n = 5. Es werden n Felder derart ausgewählt, dass aus jeder Zeile und jeder Spalte genau ein Feld kommt. Anschließend werden die Nummern der Felder addiert. Welche Werte für die Summen sind hierfür möglich? Warum?

1	2	3	4	5
6	7	8	9	10
11	12	13	14	15
16	17	18	19	20
21	22	23	24	25

<u>**Anlage 6:**</u> **Türme bauen**

Teilaufgabe 1:
Stelle dir vor, du willst verschiedene Türme aus drei Bausteinen bauen. In jedem Turm soll ein roter, ein gelber und ein blauer Stein sein. Wie viele verschiedene Türme könntest du mit diesen drei Steinen bauen?

Teilaufgabe 2:
Stelle dir nun vor, du willst verschiedene Türme aus vier Bausteinen bauen. Jetzt soll in jedem Turm ein roter, ein gelber, ein blauer und ein grüner Stein sein. Wie viele verschiedene Türme könntest du nun bauen?

Teilaufgabe 3:
Du hast wieder diese Steine in den vier Farben. Stelle dir vor, es soll jetzt trotzdem nur ein **dreistöckiger** Turm gebaut werden. Wie viele dieser Türme könntest du bauen?